Radha Mahendran

Análise bioinformática do vírus Zika

Radha Mahendran

Análise bioinformática do vírus Zika

Imunoinformática

ScienciaScripts

Imprint

Any brand names and product names mentioned in this book are subject to trademark, brand or patent protection and are trademarks or registered trademarks of their respective holders. The use of brand names, product names, common names, trade names, product descriptions etc. even without a particular marking in this work is in no way to be construed to mean that such names may be regarded as unrestricted in respect of trademark and brand protection legislation and could thus be used by anyone.

Cover image: www.ingimage.com

This book is a translation from the original published under ISBN 978-620-7-80872-4.

Publisher:
Sciencia Scripts
is a trademark of
Dodo Books Indian Ocean Ltd. and OmniScriptum S.R.L publishing group

120 High Road, East Finchley, London, N2 9ED, United Kingdom
Str. Armeneasca 28/1, office 1, Chisinau MD-2012, Republic of Moldova, Europe
Printed at: see last page
ISBN: 978-620-7-89056-9

Índice

Prefácio

O vírus Zika é um flavivírus transmitido por um mosquito que é atualmente objeto de uma atenção especial em termos de pandemia e de emergência de saúde pública. Anteriormente, o vírus Zika estava limitado a casos periódicos em África e na Ásia, mas depois o aparecimento do vírus Zika no Brasil, em 2015, mostrou uma rápida propagação por todos os países americanos. Foram feitas muitas tentativas para conceber vacinas para combater o vírus, mas os ensaios ainda estão a decorrer. Além disso, muitas vacinas foram rejeitadas devido à sua elevada alergenicidade. Uma vez que as proteínas envelopadas estão envolvidas na ligação à célula hospedeira, na fusão de membranas, na penetração e na aglutinação de hemácias durante o ciclo de replicação viral, podem ser utilizadas como um alvo ideal para a conceção de vacinas. Por conseguinte, o presente estudo tem como objetivo encontrar vacinas candidatas promíscuas utilizando métodos de imunoinformática para identificar vacinas candidatas promíscuas. As proteínas envolvidas foram submetidas a previsão de antigenicidade - previsão de epítopos celulares - e ligação ao MHC-Classe I (Complexo Principal de Histocompatibilidade). A abordagem atual baseia-se na identificação in silico de células T citotóxicas e na sua afinidade de ligação com alelos do MHC de classe I. Esta abordagem baseia-se no facto de o complexo epítopo de célula T - MHC atuar como um sinal para ativar os receptores de células T. Após a ativação, os receptores de células destroem os agentes patogénicos invasores por meio de apoptose.

AGRADECIMENTOS

AGRADEÇO AO VELS INSTITUTE OF SCIENCE TECHNOLOGY AND ADVANCED STUDIES POR NOS TER PROPORCIONADO O SISTEMA DE APOIO E ORIENTAÇÃO PARA A REALIZAÇÃO DESTE PROJECTO

ESTE TRABALHO DE PROJECTO FOI REALIZADO PELA ESTUDANTE MRS. VYSHNAVIE RATNASABAPATHYSARMA. O SEU TRABALHO ÁRDUO É APRECIADO.

INTRODUÇÃO

1. Introdução

O vírus Zika é um flavivírus transmitido por um mosquito que é atualmente objeto de uma atenção especial em termos de pandemia e de emergência de saúde pública. Anteriormente, o vírus Zika estava limitado a casos periódicos em África e na Ásia, mas depois o aparecimento do vírus Zika no Brasil, em 2015, mostrou uma rápida propagação por todos os países americanos. Embora a maioria das infecções pelo vírus Zika se caracterize por uma doença subclínica ou ligeira semelhante à gripe, foram descritos problemas de saúde graves, incluindo a síndrome de Guillain-Barré em adultos e a microcefalia em bebés nascidos de mães infectadas.

Na maioria dos casos, o vírus zika não apresenta sintomas, mas quando estes estão presentes são geralmente ligeiros e podem assemelhar-se à febre de dengue. Os sintomas podem incluir febre, olhos vermelhos, dores nas articulações, dores de cabeça, erupção cutânea maculopapular. [1-8]

1.1 Transmissão e Patogénese

Pensa-se que a infeção por Zika se espalhou rapidamente por todo o mundo no período de tempo relativamente curto desde a sua descoberta. Geralmente, o principal hospedeiro do ZIKV é o ser humano. À semelhança de outras doenças, como a dengue e a chikungunya, o responsável pela propagação do ZIKV foi identificado como a picada de um mosquito da espécie Aedes infetado, que é atualmente considerado a principal causa de transmissão. Duas subespécies do mosquito Aedes, *A. aegypti* e *A. albopictus,* são consideradas os principais vectores competentes para as infecções por Zika. [9-10] De um modo geral, os seres humanos são o principal hospedeiro do ciclo de transmissão silvestre do ZIKV, através de contacto direto (sexo), de mãe para filho, de transfusão de sangue ou, em alguns casos, através de práticas de cuidados de saúde ou laboratoriais. Adicionalmente, os possíveis reservatórios podem ser animais selvagens, incluindo espécies não primatas e vertebradas que transmitem o vírus através de mordeduras. A partir da investigação relatada, foi sugerido que a saliva é considerada como um dos vectores de transmissão, com uma frequência ainda maior do que o sangue. Por conseguinte, as provas sugerem, até agora, que estes são os principais reservatórios para a transmissão da infeção por ZIKV a nível mundial [11-20] O vírus Zika replica-se nas células epiteliais do intestino médio do mosquito e, em seguida, nas células das glândulas salivares. Após 5-10 dias, o vírus pode ser encontrado na saliva do mosquito. Se a saliva do mosquito for inoculada na pele humana, o vírus pode infetar os queratinócitos epidérmicos, os fibroblastos da pele e as células de Langerhans. A hipótese é que a patogénese do vírus continue com a disseminação para os gânglios linfáticos e para a corrente sanguínea. Os flavivírus replicam-se no citoplasma, mas os antigénios do Zika foram encontrados em núcleos de células infectadas.

Não existe um tratamento eficaz nem uma vacina para o vírus Zika; por conseguinte, a resposta da saúde pública centra-se principalmente na prevenção da infeção, em particular nas mulheres grávidas. Apesar do conhecimento crescente sobre este vírus, subsistem questões sobre os vectores e reservatórios do vírus, a patogénese, a diversidade genética e os potenciais efeitos sinérgicos da co-infeção com outros vírus em circulação. Estas questões realçam a necessidade de investigação para otimizar a vigilância, a gestão dos doentes e a intervenção da saúde pública na atual epidemia do vírus Zika. [1-8]

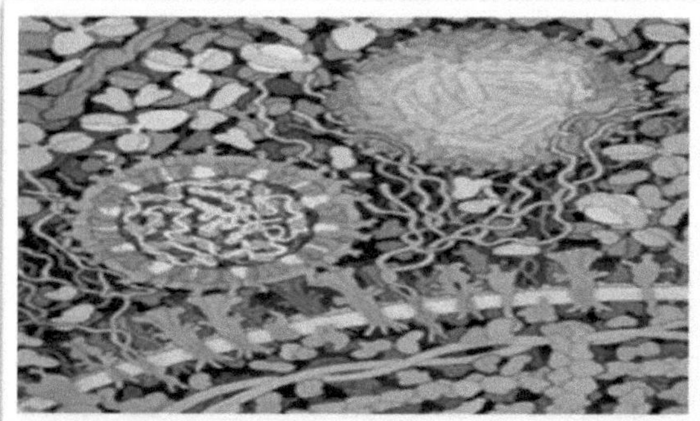

Figure1.Cross-section of Zika virus, showing the viral envelope composed of envelope proteins (red) and membrane proteins (purple) embedded in the lipid membrane (white).The capsid proteins (orange) are shown interacting

1.2 Genoma estrutural do ZIKV

O vírus Zika (ZIKV) pertence à família dos Flavivírus transmitidos por mosquitos. O primeiro genoma completo do ZIKV foi obtido a partir de uma estirpe protótipo africana denominada "MR 766", proveniente do macaco sentinela, e foi anunciado no ano de 2007. A organização do genoma do ZIKV consiste num ARN de cadeia simples de sentido positivo com 10.794 bases que constituem uma única estrutura de leitura aberta longa, ladeada por duas regiões não traduzidas (UTRs; a 5' UTR e a 3' UTR). O quadro de leitura aberta codifica uma poliproteína de 3 423 aminoácidos, com três proteínas estruturais (o capsídeo (C), a membrana precursora (prM) e o envelope (E)) e proteínas não estruturais (NSs)[20].

O genoma do ZIKV tem a seguinte ordem para estas proteínas codificadas: 5'-C-prM-E-NS1-NS2A- NS2B-NS3-NS4A-NS4B-NS5-3'.[22-25] O terminal 3' forma uma estrutura em laço e o terminal 5' tem uma capa de nucleótidos metilados que permite a tradução celular. As funções essenciais de ciclização e estabilização do genoma são realizadas pelas UTRs (regiões terminais 5' e 3') nos Flavivirus, que contêm sequências evolutivamente conservadas (CSs). Pesquisas mais antigas relataram que as CSs (CS1, CS2 e CS3) também podem desempenhar papéis significativos no genoma do ZIKV do MR766, em particular. Mas a organização dos CSs difere entre os vários Flavivírus. [20, 25]

Geralmente, a estrutura do virião do Zika tem 40 nm de diâmetro e uma forma esférica. Contém proteínas envelopadas (E e M), nucleocapsídeos (com 25-30 nm de diâmetro e rodeados por uma bicamada lipídica derivada da membrana do hospedeiro) e regiões não segmentares. As proteínas de superfície estão organizadas em simetria icosaédrica[13,24-26]. A visão estrutural genómica completa foi reproduzida a partir da informação disponível e é mostrada na Figura 2[26]. A informação disponível sobre o genoma do ZIKV pode ser útil para fornecer um conhecimento detalhado sobre os alvos farmacológicos do Zika, ajudando no desenvolvimento de futuros agentes terapêuticos (medicamento ou vacina).

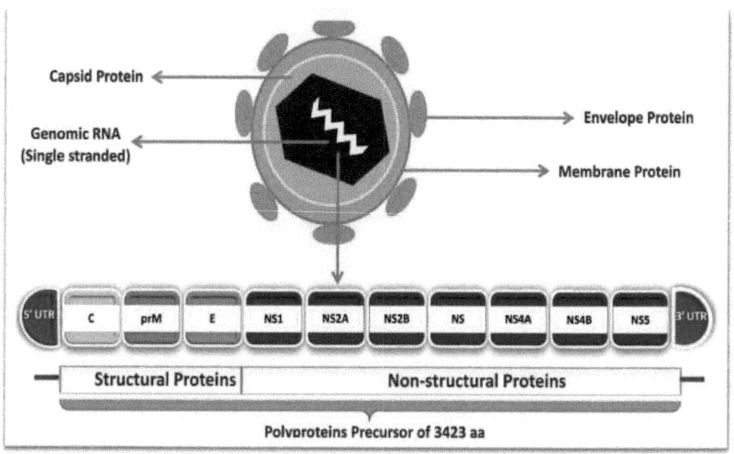

Figura. 2: A representação esquemática do genoma do ZIKV mostra as várias posições das proteínas num vírus e a organização geral da poliproteína de um vírus Zika.

1.2.1 O papel das diferentes proteínas

As proteínas estruturais e as proteínas NS têm domínios multitransmembranares, o que permite ao ZIKV desempenhar um papel essencial na formação do capsídeo, na replicação e na montagem do vírus no hospedeiro. A importância de todas estas proteínas, individualmente, é descrita de seguida. [20, 26-27]

1.2.2 Proteína do capsídeo

A proteína Capsid ou C- associa-se ao ARN genómico e é constituída por 11 kDa. Funciona na formação do capsídeo viral para construir o núcleo da partícula viral madura.

1.2.3 Envelope ou proteína E

A maior glicoproteína do envelope (proteína E, 53 kDa) é a principal proteína de superfície do virião (ou seja, a forma infecciosa de um vírus fora de uma célula hospedeira) e está envolvida na ligação à célula hospedeira, na fusão da membrana, na penetração e na hemaglutinação durante o ciclo de replicação viral. Um total de 180 proteínas envelopadas constituem o invólucro icosaédrico da visão e representam um dos principais alvos dos anticorpos neutralizantes.

2.4.3 Estrutura da proteína E:

A proteína E consiste num dímero em que um monómero contém três domínios β-barrel. O domínio central (I) constitui o N-terminal e é flanqueado pelo domínio de dimerização alongado (II) de um lado com o péptido de fusão na sua extremidade distal. O outro lado do domínio I contém o domínio III. O domínio III é um domínio semelhante a uma imunoglobulina que contém os locais de ligação ao recetor. Os domínios I e II estão ligados por quatro ligantes polipeptídicos, enquanto os domínios I e III estão ligados por um único ligante polipeptídico. Um péptido de fusão de um monómero E está submerso entre os domínios I e III do monómero adjacente dentro de um dímero. [28]

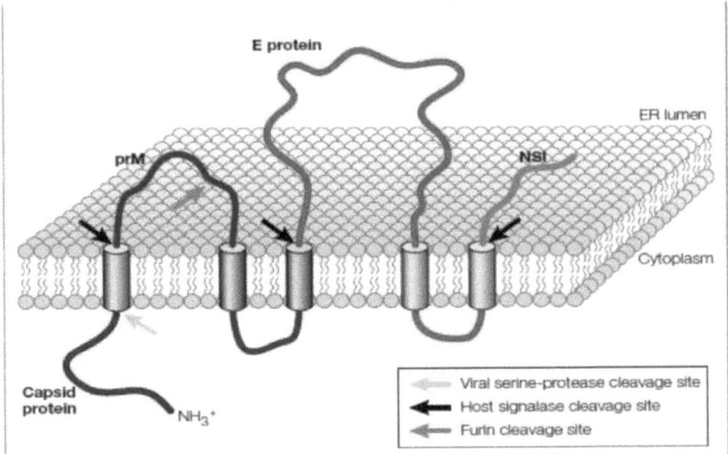

Figura 3: Mostra as proteínas estruturais moleculares dos Flavivírus e especifica os vários locais de clivagem (serina-protease, local de clivagem da sinalase do hospedeiro, local de clivagem da Furina)

2.4.4 Entrada da proteína E:

A proteína Enveloped contém 40% de aminoácidos em todos os flavivírus. O número e as posições dos resíduos glicosilados tendem a mudar entre diferentes estirpes do mesmo vírus. Os resíduos de hidratos de carbono que residem na superfície dos viriões são responsáveis pela ligação a receptores específicos. Os aminoácidos glicosilados encontram-se espacialmente no topo da estrutura do dímero E, perto do domínio III. As intrincadas modificações estruturais indicam que os resíduos de superfície são responsáveis pela ligação específica aos receptores celulares. A heparina e os glicosaminoglicanos são coreceptores de baixa afinidade.

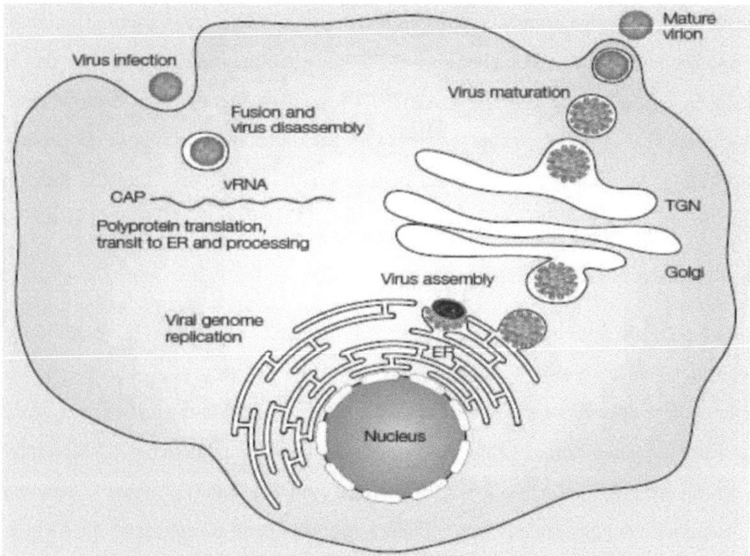

Figura 4: Ciclo de infeção por flavivírus

1.1.2 Proteína prM da membrana precursora

Segue-se a proteína estrutural precursora da membrana ou prM (8 kDa). Esta proteína apresenta-se inicialmente numa forma imatura, mas uma enzima protease celular do tipo furina, posicionada no trans-Golgi, cliva-a no péptido pr e nas proteínas M, libertando os viriões maduros da célula. Esta proteína forma heterodímeros em complexo com a proteína E e protege a E da degradação durante a montagem dos viriões.

1.2.5. As proteínas não-estruturais

As proteínas NS desempenham papéis fundamentais durante o ciclo de replicação, bem como na resposta imunitária do hospedeiro. As proteínas NS1, NS3 e NS5 são altamente conservadas e de grandes dimensões, enquanto as proteínas NS2A, NS2B, NS4A e NS4B são hidrofóbicas e de dimensões muito reduzidas, podendo estar associadas a membranas.

1.2.5.1 Proteína NS1

A proteína glicosilada NS1 tem 46 kDa, com 12 resíduos de aminoácidos de cisteína conservados, e tem uma grande responsabilidade na replicação viral. Liga-se à membrana da célula hospedeira através de glicolípidos e forma um homodímero no interior da célula. A mutação específica de Asn130 e Asn207 na glicosilação perturba a replicação e a produção do vírus. A NS1 é necessária para iniciar o processo de síntese do genoma do ARN viral. Os mecanismos moleculares bem desenvolvidos da proteína NS1 no vírus da dengue podem ser úteis para compreender as características estruturais da NS1 no ZIKV.

1.2.6 Proteínas NS2A e NS2B

NS2A e NS2B são proteínas associadas à membrana de 22 kDa e 14 kDa, respetivamente, e centradas entre regiões hidrofóbicas. No entanto, estas proteínas não estão completamente descritas e não foi identificada qualquer função específica para nenhuma delas. Também não foram identificados quaisquer motivos enzimáticos. A NS2A interage com a NS3 e a NS5, enquanto a NS2B interage com o domínio protease C-terminal da NS3. Estas interacções podem ser úteis no empacotamento e replicação do ARN e nos processos de clivagem das proteínas virais.

1.2.7 Proteína NS3

A NS3 é uma proteína com um domínio multifuncional de 70 kDa, que desempenha um papel central nos processos de capping e replicação do ZIKV. O terminal N da NS3 alberga a atividade de protease, enquanto o terminal C alberga a atividade de RNA trifosfatase inibida por poli (A) (conhecida como RTPase) e a atividade de RNA helicase, bem como a atividade inibida por Mg2+. As actividades da protease NS3 e da RNA helicase NS3 são consideradas centrais para a replicação viral e a sobrevivência do ZIKV; assim, ambas poderiam ser alvos de novos inibidores antivirais contra a infeção viral.

1.2.8. Proteínas NS4A e NS4B

Tal como as NS2A e NS2B, as NS4A e NS4B são também proteínas pequenas, hidrofóbicas e associadas à membrana, com 16 kDa e 27 kDa, respetivamente. A proteína NS4A ajuda na localização do complexo de replicação na membrana, na regulação da proliferação da membrana e no processamento de poliproteínas; enquanto a NS4B desempenha um papel significativo na replicação viral, juntamente com a proteína NS3.

1.2.9. Proteína NS5

A NS5 é a maior e mais altamente conservada proteína (103 kDa) no genoma do ZIKV. É composta por dois domínios essenciais, conhecidos como o domínio N-terminal da metiltransferase (MTase) e o domínio C-terminal da RNA polimerase dependente de RNA (RDRP). Aqui, a MTase N-terminal ajuda a carregar a modificação do capeamento do ARN e a inibir a resposta imunitária inata do hospedeiro; entretanto, a RDRP C-terminal apoia a síntese do ARN viral. As interacções de NS5 com NS3 ajudam na localização nuclear do vírus.

A maioria dos Flavivírus são vírus patogénicos, causando diferentes infecções virais nos seres humanos em todo o mundo. Recentemente, o ZIKV surgiu como uma nova preocupação de saúde pública, suscitando preocupações letais. Em comparação com o vírus da dengue e o vírus do Nilo Ocidental, o ZIKV apresenta a maior possibilidade de fornecer informações mecanicistas para a descoberta de novos medicamentos. Com a ajuda de várias análises computacionais e experimentais, é possível aprovar um medicamento eficaz ou agentes terapêuticos que possam interferir com as proteínas virais para tratar o doente infetado. [28-30] Assim, o ZIKV representa o mais recente alvo passível de ser tratado na descoberta de medicamentos. Até à data, não foi criado qualquer medicamento ou vacina para tratar as infecções por Zika, mas há esperança de que o melhor aconteça, com a disponibilização simultânea de um ou de ambos para abrandar a ameaça do Zika.

2. Respostas imunitárias aos vírus

A imunologia viral refere-se às infecções virais e às suas respostas imunitárias às infecções virais. Em geral, quando um vírus infecta uma pessoa (hospedeiro), invade as células do seu hospedeiro para sobreviver e replicar-se. Uma vez invadidas, as células do sistema imunitário não conseguem aperceber-se de que a célula hospedeira está infetada sem a ajuda de determinadas moléculas. Para ultrapassar este problema, as células utilizam um sistema que lhes permite identificar as partículas estranhas (antigénios) que se encontram no seu interior - utilizam moléculas chamadas proteínas do complexo principal de histocompatibilidade de classe I (MHC de classe I) para exibir pedaços de proteínas do interior da célula na superfície celular. Se a célula estiver infetada com um vírus, então estes pedaços de péptido incluirão fragmentos de proteínas produzidas pelo vírus.

Os vírus são altamente adaptáveis e desenvolveram formas de evitar a deteção pelas células T. Alguns vírus impedem que as moléculas MHC cheguem à superfície da célula para apresentar os péptidos virais. Se isto acontecer, a célula T não sabe que existe um vírus no interior da célula infetada.

No entanto, outra célula imunitária especializa-se em matar células que têm um número reduzido de moléculas MHC de classe I na sua superfície - esta célula é uma célula assassina natural ou, abreviadamente, uma célula NK. Quando a célula NK encontra uma célula com um número de moléculas MHC inferior ao normal, liberta substâncias tóxicas, de forma semelhante às células T citotóxicas, que matam a célula infetada por um vírus.

As células citotóxicas estão armadas com mediadores pré-formados. Os factores citotóxicos são armazenados dentro de compartimentos chamados grânulos, tanto nas células T citotóxicas como nas células NK, até que o contacto com uma célula infetada desencadeie a sua libertação. Um destes mediadores é a perforina, uma proteína que pode abrir poros nas membranas celulares; estes poros permitem a entrada de outros factores numa célula alvo para facilitar a destruição da célula. As enzimas chamadas granzimas também são armazenadas nos grânulos e libertadas a partir deles. As granzimas entram nas células-alvo através dos orifícios feitos pela perforina.

Uma vez no interior da célula-alvo, iniciam um processo conhecido como morte celular programada ou apoptose, provocando a morte da célula-alvo. Outro fator citotóxico libertado é a granulisina, que ataca diretamente a membrana externa da célula alvo, destruindo-a por lise. As células citotóxicas também sintetizam e libertam outras proteínas, denominadas citocinas, depois de entrarem em contacto com as células infectadas. As citocinas incluem o interferão-g e o fator de necrose tumoral-a, e transferem um sinal da célula T para a célula infetada, ou para outras células vizinhas, para reforçar os mecanismos de destruição.

2.1Mecanismos através de interferões

As células infectadas por vírus produzem e libertam pequenas proteínas chamadas interferões, que desempenham um papel na proteção imunitária contra os vírus. Os interferões impedem a replicação dos vírus, interferindo diretamente com a sua capacidade de se replicarem dentro de uma célula infetada. Este sinal faz com que as células vizinhas aumentem o número de moléculas MHC de classe I nas suas superfícies, de modo a que as células T que vigiam a área possam identificar e eliminar a infeção viral, tal como descrito acima.

A vacinação é geralmente considerada como o método mais eficaz de prevenção de doenças infecciosas. Todas as vacinas funcionam através da apresentação de um antigénio estranho ao sistema imunitário, a fim de evocar uma resposta imunitária. O agente ativo de uma vacina pode ser formas intactas mas inactivadas ("atenuadas") dos agentes patogénicos causadores (bactérias ou vírus), ou componentes purificados do agente patogénico que se verificou serem altamente imunogénicos. A maior compreensão do reconhecimento de antigénios a nível molecular resultou no desenvolvimento de vacinas peptídicas concebidas de forma racional. O conceito de vacinas de péptidos baseia-se na identificação e síntese química de epítopos de células B e T que são imunodominantes e podem induzir respostas imunitárias específicas. O crescimento acelerado das técnicas e aplicações bioinformáticas, juntamente com a quantidade substancial de dados experimentais, deu origem a um novo domínio, denominado imunoinformática, que desempenha um papel importante na conceção computacional de vacinas [34]

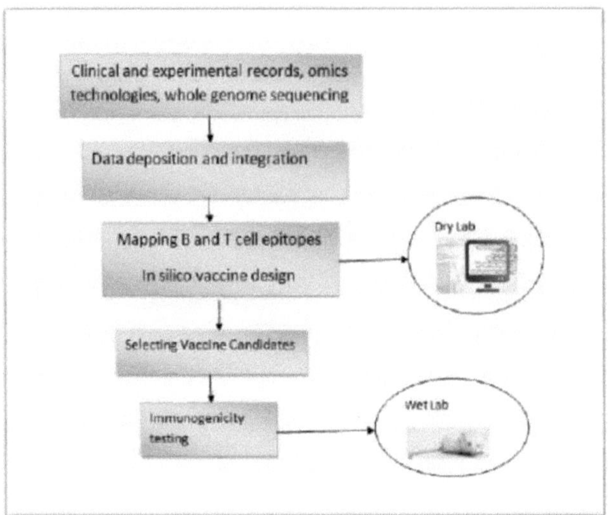

Figura 5: Mostra o fluxo de trabalho através das várias fases da conceção da vacina

2.2 Conceção computacional de vacinas

Um dos principais objectivos da investigação bioinformática no âmbito da imunologia é desenvolver a conceção de vacinas assistida por computador, ou vacinologia computacional, como uma ciência prática aplicada à procura de novas vacinas. O reconhecimento de epítopos antigénicos pelo sistema imunitário, quer se trate de pequenos epítopos discretos de células T ou de grandes epítopos conformacionais reconhecidos por células B e anticorpos solúveis, é o acontecimento molecular fundamental no centro da resposta imunitária aos agentes patogénicos. No âmbito do desenvolvimento da conceção racional de vacinas, a identificação rápida e fiável de epítopos, em especial de epítopos de células T, é atualmente objeto de esforços consideráveis[35].

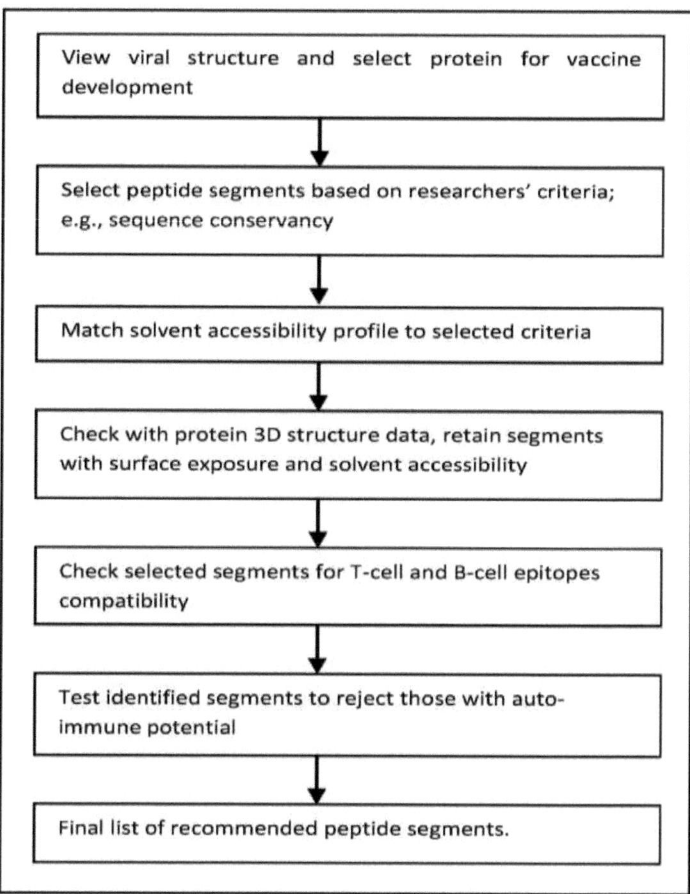

Figura 6: Apresenta o conceito geral da conceção de vacinas Insilico num fluxo de trabalho

2.3 Epítopos:

Um epítopo refere-se ao alvo específico contra o qual um anticorpo individual se liga. Quando um anticorpo se liga a uma proteína, não está a ligar-se à proteína completa. Em vez disso, está a ligar-se a um segmento dessa proteína conhecido como epítopo. Em geral, um epítopo tem aproximadamente cinco ou seis aminoácidos de comprimento. Assim, uma sequência típica de uma proteína completa contém, de facto, muitos epítopos diferentes contra os quais os anticorpos se podem ligar. E, para uma dada sequência de proteínas, verifica-se que vários anticorpos únicos reconhecem a proteína. Cada um destes anticorpos liga-se a um epítopo específico localizado nessa proteína.

A ligação entre o anticorpo e o epítopo ocorre no Local de Ligação ao Antigénio, que é designado por parátopo e está localizado na ponta da região variável do anticorpo. Este parátopo só é capaz de se ligar a um único epítopo. Dentro de uma sequência de proteínas, é possível encontrar:

> Epítopos contínuos, que são sequências lineares de aminoácidos
> Epítopos descontínuos, que só existem quando a proteína está dobrada numa determinada conformação.

2.3.1 Tipos de epítopos

2.3.1.1. Epítopos de células B

O epítopo das células B é a porção do antigénio que se liga à imunoglobulina ou ao anticorpo. Estes epítopos reconhecidos pelas células B podem constituir qualquer região solvente exposta no antigénio e podem ser de natureza química diferente. No entanto, a maioria dos antigénios são proteínas e são estes os temas para os métodos de previsão de epítopos.

2.3.1.2 Epítopos de células T

Os epítopos das células T são apresentados por moléculas MHC de classe I (MHC I) e II (MHC II) que são reconhecidas por dois subgrupos distintos de células T, as células T CD8 e CD4, respetivamente (Figura 2). Subsequentemente, existem epítopos de células T CD8 e CD4. As células T CD8 tornam-se linfócitos T citotóxicos (CTL) após o reconhecimento do epítopo T CD8. Por conseguinte, os estudos actuais centram-se nas células T CD8

2.4 Vacina baseada em epítopos:

A vacina ativa baseada em péptidos aumentará a qualidade de vida dos doentes, poupando tempo e dinheiro. As vacinas de peptídeos da próxima geração incluem peptídeos multivalentes mais longos com epítopos MHC de classe I e II, vacinas multipeptídicas constituídas por epítopos de classe I e II, um cocktail de peptídeos e peptídeos híbridos. As vacinas de células T têm potencial para o desenvolvimento de vacinas terapêuticas para infecções virais crónicas. As vacinas de epítopos com adjuvantes induzem uma resposta imunitária mais forte com elevada imunogenicidade. Os epítopos MHC de classe I têm de ser específicos do antigénio do vírus. A análise do repertório CTL a nível clonal nas células nucleadas do sangue periférico humano revela uma resposta CTL muito alargada. O desafio técnico consiste em identificar alguns epítopos entre uma mistura de mais de 10 000 epítopos associados ao MHC de classe I extraídos de células infectadas com o vírus. A identificação dos péptidos por células infectadas com agentes patogénicos virais pode gerar uma biblioteca de epítopos. [36]

2.4. Vantagens da vacina baseada em epítopos:

A vacina baseada em epítopos formulada com um adjuvante pode induzir uma forte resposta imunitária com elevada imunogenicidade. Oferecerá uma forma flexível e simples de sintetizar uma vacina. São consideradas seguras, fáceis de produzir e estáveis. Várias vacinas de péptidos estão a ser desenvolvidas devido ao seu sucesso em estudos com animais. É possível que, nos próximos 5-10 anos, vários agentes terapêuticos estejam no mercado. Os epítopos das células T são geralmente fragmentos de péptidos, enquanto os epítopos das células B podem ser proteínas, lípidos ou hidratos de carbono. A produção de tais epítopos imunodominantes pode provocar uma forte resposta imunitária específica com menos efeitos adversos.

Esta breve introdução dá ao leitor uma ideia sobre o vírus Zika e o processo pelo qual o sistema imunitário responde ao vírus. Também fornece uma breve introdução à análise imunoinformática, que foi utilizada para obter vacinas candidatas eficazes para este estudo.

Este estudo tem por objetivo analisar os epítopos das células T e a sua capacidade de se ligarem ao complexo principal de histocompatibilidade (MHC). Tal como referido na introdução, a ligação dos complexos CTL-MHC desempenha um papel vital na ativação dos receptores das células T, o que conduz à morte celular das células infectadas através de um processo conhecido por apoptose. Este procedimento leva ao desenvolvimento de potenciais vacinas peptídicas baseadas em epítopos de células T com menos efeitos secundários.

REVISÃO DA LITERATURA

Antecedentes:

O vírus Zika (ZIKV) é um agente patogénico transmitido pelo mosquito Aedes, pertencente ao subgrupo Ilaviviridae, e é o agente causador de uma doença emergente denominada febre Zika, conhecida como uma infeção benigna que se apresenta geralmente como uma doença semelhante à gripe com erupção cutânea. Devido a vários surtos epidémicos, é considerado um risco grave para a saúde que exige uma vigilância reforçada, mas não foram lançadas vacinas peptídicas licenciadas para o vírus Zika. Por conseguinte, é urgente conceber uma vacina peptídica baseada em epítopos contra o vírus zika. As proteínas do envelope viral são derivadas de proteínas da membrana da célula hospedeira, com algumas. As glicoproteínas virais são utilizadas para cobrir o seu capsídeo proteico, ajudam os vírus a entrar nas células hospedeiras e a evitar a resposta imunitária do hospedeiro. [1-9]

4.1 Vacinação

A vacinação é geralmente considerada como o método mais eficaz de prevenção de doenças infecciosas. Todas as vacinas funcionam através da apresentação de um antigénio estranho ao sistema imunitário, a fim de evocar uma resposta imunitária. O agente ativo de uma vacina pode ser formas intactas mas inactivadas ("atenuadas") dos agentes patogénicos causadores (bactérias ou vírus), ou componentes purificados do agente patogénico que se verificou serem altamente imunogénicos. A maior compreensão do reconhecimento de antigénios a nível molecular resultou no desenvolvimento de vacinas peptídicas concebidas de forma racional.

4.1.1 Tipos de vacinas:

4.1.1.1 Vacina inactivada:

Um tipo de vacina que é cultivada em cultura celular e é inactivada por meio de alta temperatura ou pressão. O encapsulado evoca uma resposta imunitária que pode ser imunidade humoral ou celular. A falta de inativação pode ser fatal para os doentes. O truque é encontrar a combinação perfeita de concentração química e tempo de reação que inactive completamente o vírus. O vírus deve ainda expor os antigénios adequados para estimular uma resposta imunitária protetora. Jonas Salk criou um tratamento para o poliovírus em que os viriões eram suspensos em formalina a 37 graus durante cerca de 10 dias. É vital compreender a cinética da inativação de um vírus para desenvolver um procedimento de inativação que garanta uma inativação a 100%. Os exemplos de vacinas inactivadas são os vírus da gripe, da hepatite A, do poliovírus e da febre aftosa.

4.1.1.2 Vacinas vivas atenuadas:

As vacinas atenuadas contêm partículas vivas com baixos níveis de virulência. Por conseguinte, podem replicar-se lenta e continuamente, fornecendo um fornecimento de antigénios necessários para provocar uma resposta imunitária. São produzidas por passagem em culturas de células animais e por seleção de estirpes menos virulentas ou mutagénese. Há duas propriedades que um vírus de vacina deve possuir. Os seus antigénios devem ser idênticos ou semelhantes aos da estirpe de tipo selvagem, de modo a que uma resposta imunitária contra o vírus da vacina proporcione proteção contra a estirpe de tipo selvagem. A maioria das estirpes de vírus atenuados são produzidas por procedimentos de "acerto e erro", nos quais são cultivadas repetidamente em células que não estão relacionadas com o hospedeiro normal. As vacinas atenuadas desenvolvidas por este método são as do sarampo, da papeira, da febre amarela, da rubéola, do parnovírus canino e da esgana canina. Um dos riscos associados às vacinas atenuadas é o facto de, durante a replicação do vírus, poder ocorrer uma substituição de nucleótidos. Este facto pode reverter o vírus atenuado para uma forma de virulência e pode ser fatal para os doentes.

4.1.1.3 Vacinas de subunidades:

Estas são as vacinas que contêm apenas a parte antigénica do vírus em vez do microrganismo inteiro. Embora evoquem uma resposta imunitária mais fraca do que as vacinas convencionais. Causa menos reacções alérgicas e tem um tamanho que varia entre 1 e 20 aminoácidos. Um exemplo de vacina de subunidade é a vacina contra a hepatite B. A infecciosidade de um vírus é inactivada com formaldeído e, em seguida, os envelopes dos viriões são removidos utilizando um detergente chamado Triton X-100. Isto provoca a libertação de glicoproteínas que se agregam para formar "rodas de carroça" H e "rosetas" N. Estas estruturas são posteriormente purificadas por centrifugação num gradiente de sacarose. As vacinas de subunidades induzem respostas imunitárias fracas, pelo que são necessárias duas doses para iniciar uma imunidade adequada.

4.1.1.4. Vacinas de ADN:

Uma nova abordagem que utiliza ADN geneticamente modificado para induzir respostas imunitárias humorais e celulares a antigénios proteicos. Está em fase de teste para modelos virais, fúngicos e bacterianos. As vacinas de ADN contra o cancro induzem imunidade específica contra antigénios associados ao cancro. A sequência de codificação do antigénio de um vírus de ADN é inserida num plasmídeo que se encontra entre um forte promotor e um sinal poli (A). O plasmídeo é replicado em células bacterianas e é depois extraído e purificado para ser utilizado como vacina. A vacina pode ser injectada num músculo ou através da utilização de uma pistola de genes que administra pérolas de ouro revestidas de ADN diretamente na nossa pele. Os exemplos de vacinas experimentais de ADN incluem o VIH-1, o coronavírus SARS, o vírus do Nilo Ocidental e os vírus da febre aftosa. Antes de qualquer vacina de ADN passar à utilização clínica, temos de garantir que a injeção de ADN não desencadeará uma doença autoimune anti-ADN e não causará mutações cancerígenas nos doentes.

4.1.1.5 Vacinas à base de péptidos:

Foram desenvolvidos devido à melhor compreensão das estruturas moleculares dos antigénios. Pode ser um epítopo de células T ou um epítopo de células B. Os epítopos das células T são geralmente fragmentos de péptidos, enquanto os epítopos das células B podem ser lípidos, proteínas ou hidratos de carbono. Existem várias razões pelas quais as vacinas baseadas em epítopos são preferidas em relação às vacinas tradicionais, tais como a facilidade de produção, a estabilidade química e a ausência de materiais infecciosos. Embora exijam um adjuvante e tenham uma imunogenicidade inferior. Estes são domínios que necessitam de ser trabalhados, mas constituem uma perspetiva brilhante para a evolução das vacinas. Jackob et al foi a primeira pessoa a produzir uma vacina baseada em epítopos.

4.1.1.6 Complexo de histocompatibilidade principal (MHC)

Os epítopos das células T são apresentados pelas moléculas MHC das células apresentadoras de antigénios. Existem dois tipos de classes MHC-I e MHC-II. O MHC-I apresenta péptidos de 8-11 aminoácidos, enquanto o MHC-II apresenta 11-25 aminoácidos. O MHC de classe II é apresentado por tipos de células especializadas, como as células B, os macrófagos e as células dendríticas. O MHC de classe I é apresentado por todos os corpos celulares nucleados. As moléculas MHC são as proteínas mais polimórficas, contendo mais de 6000 classes. As experiências laboratoriais não permitem determinar todas as preferências de ligação dos péptidos dos alelos. Por conseguinte, são utilizados métodos in silico para reduzir o número de classes a uma quantidade viável para experiências laboratoriais. Os algoritmos de previsão de epítopos de células T permitem-nos prever epítopos específicos que podem ser posteriormente produzidos experimentalmente. Existem vários modelos utilizados para os prever, como o modelo de Markov oculto, o modelo baseado em motivos, as máquinas de vetor de suporte, as abordagens baseadas na estrutura, etc.

4.2Métodos imunoinformáticos:

A imunoinformática inclui o estudo e a conceção de algoritmos para o mapeamento de potenciais epítopos de células B e T, o que reduz o tempo e os custos necessários para a análise laboratorial de produtos genéticos de agentes patogénicos. Utilizando esta informação, um imunologista pode explorar os potenciais sítios de ligação, o que, por sua vez, conduz ao desenvolvimento de novas vacinas. Esta metodologia é designada por "vacinologia inversa" e analisa o genoma do agente patogénico para identificar potenciais proteínas antigénicas. Isto é vantajoso porque os métodos convencionais necessitam de cultivar o agente patogénico e depois extrair as suas proteínas antigénicas. Apesar de os agentes patogénicos crescerem rapidamente, a extração das suas proteínas e o teste dessas proteínas em grande escala são dispendiosos e demorados. A imunoinformática é capaz de identificar genes de virulência e proteínas associadas à superfície [33].

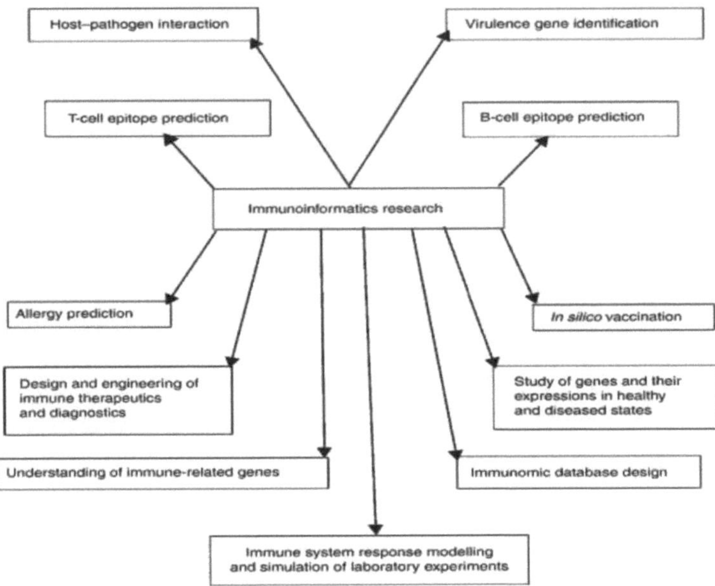

Figura 7: Imunoinformática: áreas de investigação.

4.2.1 Métodos baseados em sequências:

Os métodos baseados na sequência procuram geralmente a superfície do epítopo que deve estar acessível para a ligação do anticorpo. Estes métodos estão limitados à previsão de epítopos contínuos. Os métodos baseados em sequências foram testados na previsão de dois epítopos protectores conhecidos na hemaglutinina HA1 do vírus da gripe A. O primeiro epítopo contínuo é o epítopo 91-108 (SKAFSNCYPYDVPDYASL), que é um epítopo protetor em coelho capaz de provocar anticorpos que neutralizam a infecciosidade dos vírus da gripe. O segundo epítopo contínuo é o epítopo 127-133 (WTGVTQN), que protege contra a estirpe da gripe A/Achi/2/68 (H3N2) no rato [34].

4.2.1.1 Abordagem baseada na pesquisa de motivos:

As combinações de aminoácidos preferidos na posição de ancoragem de um péptido são conhecidas como um motivo. É o método mais desatualizado, mas ainda muito utilizado para a previsão de epítopos. A sequência peptídica é pesquisada em busca de um motivo numa biblioteca de motivos. O motivo de ligação MHC para um péptido pode ser comparado com os ligantes e não ligantes. EPIPREDICT é uma ferramenta utilizada para prever os epítopos de ligação ao MHC de classe II. O SYFPEITHI é utilizado para pontuar e avaliar as sequências de péptidos. O EPIMER é outra ferramenta utilizada para prever epítopos relacionados com o VIH. A exatidão é de cerca de 60%. De igual modo, existem muitos instrumentos favoráveis para a previsão de epítopos.

70%, a correlação entre a afinidade prevista e a determinada experimentalmente é fraca.

4.2.1.2 Rede neural artificial:

Um método desejável que é utilizado para encontrar relações e descrever dados não lineares. Os métodos RNA são utilizados pelos investigadores de bioinformática para estudar a solubilidade dos medicamentos, as doenças cardíacas, a previsão de epítopos, etc. Durante a previsão de epítopos, o comprimento do péptido pode ser variável. As sequências do conjunto são alinhadas mantendo uma referência como posição de ancoragem. Para a classe MHC

I a construção de modelos é mais simples, uma vez que o comprimento do péptido não varia muito, ao passo que a classe MHC

II A previsão torna-se complexa devido à variabilidade do tamanho do fragmento. O servidor NETCTL utiliza um método para integrar a ligação de classe I, a clivagem proteasomal C-terminal e a eficiência do transportador de processamento de antigénio associado transportado (TAP). O NETMHC é um servidor criado com base em matrizes de peso e RNA (Patronov & Doytchinova, 2013).

4.2.1.3 Máquina de vetor de suporte:

A máquina de vectores de suporte é um conceito de ciências informáticas concebido para compreender a análise de dados e o reconhecimento de padrões. Foi criada pela Vapnix e inicialmente destinada à classificação de imagens e à análise de regressão. É classificada como um classificador linear binário não probabilístico. Por conseguinte, é representado como dois conjuntos de pontos no espaço que se inserem em duas subcategorias separadas por um intervalo definido.

4.2.1.4 Modelo oculto de Markov:

O modelo de Markov oculto foi aplicado pela primeira vez para o reconhecimento da fala em 1970. Na década de 1980, encontrou a sua aplicação nas sequências biológicas. Tem sido amplamente utilizado em bioinformática, proteómica, previsão de sequências de proteínas, análise de homologia de proteínas e região transmembranar. Também é utilizado para o alinhamento de sequências, identificação de famílias de proteínas por Pfam e SMART. Além disso, é utilizado para o estudo do splicing de genes e da filogenia. O PREDTAI foi utilizado para a previsão da ligação de péptidos ao hTAP, o que requer uma rede de propagação de três camadas com a função de ativação sigmoide.

4.2.1.5 Técnicas de conceção de vacinas baseadas em péptidos in silico utilizadas ao longo dos anos

Pequenos péptidos derivados de epítopos são utilizados como vacinas baseadas em péptidos. Estes péptidos são reconhecidos pelo MHC de classe I e, por conseguinte, estimulam a resposta imunitária. Florea *et al.* descreveram três novas classes de métodos para prever os péptidos de ligação ao MHC e um esquema de votação para os integrar e obter melhores resultados. O primeiro método baseia-se na programação quadrática aplicada a dados quantitativos e qualitativos. O segundo método utiliza a programação linear e o terceiro considera perfis de sequência obtidos por agrupamento de epítopos conhecidos para classificar os péptidos candidatos. Verifica-se que este método é melhor do que outros métodos baseados em sequências para encontrar os ligantes MHC.

4.2.1.5.1 Previsões de imunogenicidade

A imunogenicidade é um problema importante associado às terapêuticas proteicas, mas pode ser prevista antecipadamente por ferramentas *in silico,* in vitro e in vivo, que podem encontrar sequências na proteína terapêutica que, quando processadas por células T, provocam uma resposta imunitária. Desenvolvimentos recentes na imunologia dependente de células T relacionados com a imunogenicidade de produtos terapêuticos incluem a descrição de ligandos de receptores toll-like e a identificação e classificação de células T reguladoras. Uma limitação na determinação da imunogenicidade relativa de potenciais proteínas terapêuticas é a variação na imunogenicidade determinada por técnicas in vitro ou in vivo em modelos animais e humanos. Ao longo dos anos, foram modeladas várias ferramentas para este fim específico. Estas ferramentas foram criadas utilizando as máquinas de vectores de apoio e vários algoritmos. O principal método de previsão do resultado é através de máquinas de vectores de apoio com a ajuda de valores-limite. Nestas ferramentas, os valores limiares desempenham um papel vital na previsão da antigenicidade, sendo que, em alguns casos, quanto maior for o valor limiar, melhor será a previsão. Nalguns casos, o valor médio significa melhores resultados. Estas ferramentas podem ser melhoradas acrescentando mais dados suficientes e removendo o excesso de dados ruidosos [44]

4.2.1.5.2 Previsão baseada na estrutura

Os dados de ligação péptido-MHC são necessários para encontrar epítopos de células T. Os métodos actuais baseiam-se principalmente na afinidade de ligação do péptido ao MHC para prever o epítopo das células T. A tecnologia QSAR tridimensional CoMSIA foi aplicada ao problema da ligação péptido-MHC [34]. Utiliza o potencial de interação em torno de conjuntos alinhados de estruturas tridimensionais de péptidos para descrever a ligação. O TEPITOPE9[6] de Bian e Hammer é utilizado para prever in silico epítopos de células T promíscuos e específicos de alelos restritos ao HLA II. A interface de utilizador do TEPITOPE permite a visualização e comparação de perfis de bolsas e encontra HLA II semelhantes que diferem na sua capacidade de ligação a uma determinada sequência de péptidos. Kangueane e Sakharkar, 97, implementaram um servidor Web para a conceção de epítopos de células T para péptidos MHC, que utiliza uma definição de bolsas de ligação virtuais para posicionar âncoras de resíduos de péptidos específicos e estimar a compatibilidade da bolsa de ligação virtual dos resíduos de péptidos [19].

4.2.1.5.3 Previsão de alergias

A alergia ocorre devido a factores extrínsecos e intrínsecos. A reação de hipersensibilidade de tipo I é induzida por certos alergénios que provocam anticorpos IgE [46]. A utilização de alimentos e terapêuticas geneticamente modificados torna necessária a previsão das proteínas alergénicas. De acordo com as directrizes propostas pela Organização Mundial de Saúde (OMS) e pela Organização das Nações Unidas para a Alimentação e a Agricultura (FAO) em 2001, uma proteína é considerada um alergénio quando tem pelo menos seis aminoácidos contíguos iguais ou uma janela de 80 aminoácidos quando comparada com alergénios conhecidos. Já foi estabelecido que os alergénios não partilham características estruturais comuns. Assim, as bases de dados de alergénios estão a ser utilizadas como referência para encontrar a semelhança de sequência na avaliação da alergenicidade [45]. Diz-se que uma proteína é considerada um alergénio se tiver uma região ou péptidos idênticos a um epítopo IgE conhecido.

4.2.1.5.4 Previsão da antigenicidade

A antigenicidade reflecte a capacidade de uma molécula ser reconhecida por um anticorpo. A região do anticorpo que se liga ao antigénio é constituída por seis regiões determinantes complementares e é designada por parátopo. A região antigénica reconhecida pelo paratopo é denominada epítopo. Os antigénios mais comuns são as proteínas, e os seus epítopos são de dois tipos: contínuos e descontínuos. Um epítopo contínuo é constituído por aminoácidos consecutivos na sequência da proteína [38]. Um epítopo descontínuo é uma região onde os aminoácidos reconhecidos se encontram juntos no espaço tridimensional, mas estão distantes na sequência. Assume-se geralmente que a maioria das regiões antigénicas das proteínas são constituídas por epítopos descontínuos [39]. A localização das regiões antigénicas numa proteína é de particular interesse para o desenvolvimento de vacinas sintéticas. Espera-se que um péptido que imite uma região da proteína seja capaz de induzir uma resposta de anticorpos que leve ao reconhecimento da proteína-mãe. Uma segunda aplicação da localização de epítopos é a utilização de anticorpos específicos para o rastreio de bancos de expressão genómica e a localização da proteína in situ.

4.2.1.5.54.3 Estudo *in silico*

4.3.1 acoplamento proteína-proteína

O problema do acoplamento de proteínas, ou seja, a tarefa de reunir dois componentes proteicos separados na sua estrutura complexa biologicamente relevante, é importante por várias razões. Em primeiro lugar, é de extrema relevância para a biologia celular, onde a função é realizada por proteínas que interagem entre si e com outros componentes moleculares. Em segundo lugar, o problema do acoplamento de proteínas constitui um teste fundamental à nossa compreensão da energia das interacções macromoleculares, uma vez que a estrutura complexa nativa se encontra quase certamente num mínimo global de energia livre. Por último, um importante objetivo pós-genómico é a caraterização das estruturas dos complexos proteína-proteína, e as ferramentas computacionais oferecem um meio pouco dispendioso de realizar estudos em grande escala [25].

Muitas das estratégias de acoplamento iniciais e actuais envolvem algoritmos de pesquisa baseados em grelhas. Estes algoritmos são bastante bem sucedidos na união dos componentes de um complexo separado devido à excelente complementaridade de formas na interface. No entanto, as proteínas e as interfaces proteicas são flexíveis, e as conformações dos parceiros ligados diferem frequentemente das dos componentes isolados. Se forem utilizados os componentes monoméricos não ligados, já não é trivial fazer corresponder as formas. As estratégias para resolver este problema incluem a suavização da interface ou o engrossamento da grelha para permitir uma maior incerteza no processo de correspondência [39, 40].

4.3.2 Modelação de proteínas

As proteínas de diferentes origens podem ter sequências muito semelhantes, e é geralmente aceite que uma elevada semelhança de sequências se reflecte numa semelhança distinta de estruturas. De facto, espera-se que o desvio quadrático médio relativo (rmsd) das coordenadas Ca para núcleos de proteínas que partilham 50% de identidade de resíduos seja de cerca de 1 A [11]. Este facto serviu de premissa para o desenvolvimento de métodos de modelação comparativa de proteínas, que consiste na extrapolação da estrutura para uma nova sequência (alvo) a partir da estrutura 3-D conhecida de membros da família relacionados [42].

4.3.3 Ramachandran Lote

O gráfico de Ramachandran é subdividido em zonas centrais e zonas permitidas, etc., tal como definido por Morris e colegas [22]. Os aminoácidos fora do núcleo e das zonas permitidas, ou com ângulos Q invulgares, podem ser seleccionados para facilitar a inspeção da estrutura. O cursor sobre qualquer grupo de pontos indica a lista de resíduos desse grupo. Pode ser exportado um ficheiro de texto tabulado com o nome do resíduo, a atribuição da estrutura secundária, bem como os ângulos Q, cP e Y dos aminoácidos seleccionados.

A representação gráfica destes ângulos, a representação gráfica de Ramachandran, tornou-se um instrumento normalizado utilizado na determinação da estrutura das proteínas (Morriset al. 1992; Kleywegt e Jones 1996) e na definição da estrutura secundária (Chou e Fasman 1974; Muñoz e Serrano 1994). Utilizando uma análise das repulsões locais da esfera dura entre átomos que são, pelo menos, interacções de terceiro vizinho, Ramachandran et al. (1963) construíram um mapa estérico do gráfico de Ramachandran que previa as regiões normalmente permitidas: as regiões alfa R, alfa L e beta. Este mapa estérico tornou-se a interpretação padrão do gráfico de Ramachandran (Richardson 1981), onde Mandelet al. (1977) identificou as colisões estéricas específicas que definem os limites do mapa estérico padrão [7].

OBJECTIVOS

OBJECTIVOS:

Os principais objectivos deste projeto são os seguintes

- Para identificar as proteínas do envelope do vírus Zika
- Prever epítopos de células B utilizando várias ferramentas de
imunoinformática
- Prever epítopos de células T citotóxicas e afinidades de ligação ao MHC
utilizando diferentes ferramentas
- Para modelar o epítopo CTL com alelos MHC de classe I
- Efetuar estudos de docking e interpretar as interacções dos epítopos CTL
com alelos MHC de classe I

MATERIAIS E MÉTODOS

5. Materiais e métodos

Os estudos in vitro destas construções confirmaram que os epítopos são expressos, estimulam uma resposta imunitária protetora e não interferem uns com os outros. Com a rápida acumulação de informações precisas sobre as sequências de uma grande variedade de agentes patogénicos, o desenvolvimento de ferramentas imunoinformáticas permitiu aos investigadores explorar a genómica em busca de potenciais epítopos, acelerando o ritmo de desenvolvimento de vacinas baseadas em epítopos.

5.1. Recuperação da sequência de proteínas

As sequências das proteínas do envelope do vírus Zika foram seleccionadas com base nas suas propriedades antigénicas e imunogénicas. A base de dados uniprot é constituída pela base de conhecimentos uniprot (uniprotKB), pelos clusters de referência uniprot (uniref) e pelo arquivo uniprot (uniparc). Trata-se de uma base de dados de sequências de proteínas altamente anotada e não redundante, que constitui o núcleo central para a recolha de informações funcionais sobre proteínas, incluindo várias classificações de ontologias e referências cruzadas. As sequências de aminoácidos foram obtidas em formato Fasta da base de dados Swiss-prot/Uniprot.

Um grupo de sequências de proteínas da estirpe MR 766 do vírus Zika foi obtido a partir da base de dados Uniprot, tendo sido filtrado longitudinalmente (ou seja, entre 469 e 505). A coleção de sequências de proteínas obtidas a partir da Uniprot é apresentada no quadro 1.

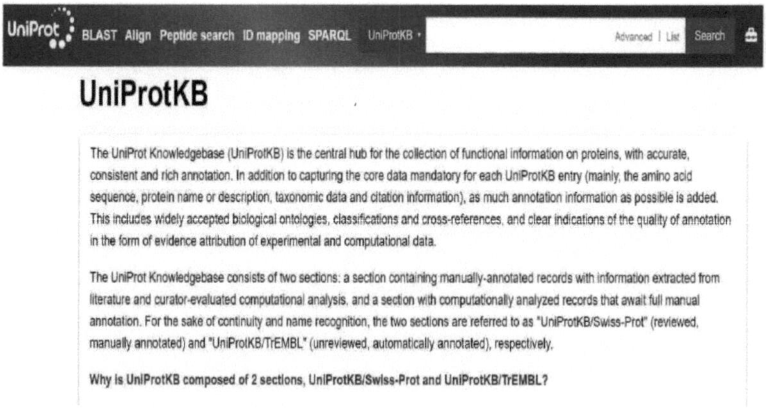

Figure8: Screenshot of the Homepage of Uniprot database (https://www.uniprot.org/help/uniprotkb)

5.2 Previsões de antigenicidade

A antigenicidade e a imunogenicidade são aspectos distintos da resposta imunitária que estão ambos envolvidos na resposta do hospedeiro aos biomateriais. A "antigenicidade" descreve a capacidade de um material estranho (antigénio) se ligar ou interagir com os produtos da resposta final mediada por células, como os receptores de células B ou T. O primeiro servidor para a previsão independente do alinhamento de antigénios protectores. Foi desenvolvido para permitir a classificação de antigénios apenas com base nas propriedades físico-químicas das proteínas, sem recurso ao alinhamento de sequências. Esta ferramenta específica utiliza técnicas de redes neuronais e de máquinas de vectores de apoio para obter os resultados por dados. Para tal, é necessário que o utilizador introduza um valor-limite. As sequências de consulta para as sequências de proteínas foram submetidas com base num valor de limiar de 0,4. As sequências obtidas a partir do uniprot foram submetidas a uma análise de antigenicidade e a sequência de proteínas que obteve a pontuação de antigenicidade mais elevada foi utilizada para análise posterior

Vaxijen 2.0

O VaxiJen é o primeiro servidor para a previsão independente do alinhamento de antigénios protectores. Foi desenvolvido para permitir a classificação de antigénios apenas com base nas propriedades físico-químicas das proteínas, sem recurso ao alinhamento de sequências. O servidor pode ser utilizado por si só ou em combinação com métodos de previsão baseados no alinhamento. Está disponível gratuitamente em linha no URL: http://www.jenner. ac.uk/VaxiJ en.

5.3 Previsão da estrutura secundária

T estrutura secundária da glicoproteína do envelope do Zika foi prevista utilizando um servidor em linha (SOPMA)[19, 20] porque é mais provável que a parte antigénica da proteína pertença à região da folha β[21]

5.5. Identificação de epítopos de células B

Os linfócitos B são as células que se diferenciam em células plasmáticas secretoras de anticorpos e células de memória. A predição de epítopos de células B foi realizada para encontrar o potencial antigénio que fornece uma garantia de imunidade humoral. Utilizou-se o IEDB para identificar a antigenicidade das células B, incluindo os métodos clássicos de escala de propensão, como as escalas de antigenicidade de Kolaskar e Tongaonkar,[39] a previsão da hidrofilicidade de Parker,40 a previsão da acessibilidade da superfície de Emini,[41] a previsão da flexibilidade de Karplus e Schulz[42] e a ferramenta de previsão da β-volta de Chou e Fasman[43], uma vez que as partes antigénicas de uma proteína pertencem às regiões da β-volta.44A previsão da hidrofilicidade de Parker foi aplicada a todos os parâmetros de hidrofilicidade amplamente utilizados em todos os algoritmos para prever quais os resíduos de aminoácidos que são antigénicos[40]. A ferramenta de previsão de epítopos lineares Bepipred[45] utiliza um algoritmo combinatório que inclui métodos de modelo de Markov oculto e de escala de propensão para a propensão antigénica e, por isso, tem um desempenho significativamente melhor do que qualquer um dos outros métodos.46

5.5. Identificação de epítopos de células T

Identificação de epítopos de células T CD8+

Para a identificação do epítopo de células T, a ferramenta online netctl_1.2 foi utilizada para a identificação do epítopo utilizando um limiar de 0·95 para manter a sensibilidade e a especificidade de 0·90 e 0·95, respetivamente. A ferramenta expande a previsão para 12 supertipos de MHC-I e integra a previsão da ligação do peptídeo MHC-I, clivagem proteasomal C-terminal com eficiência de transporte TAP. Estas previsões foram efectuadas por uma rede neural artificial, uma matriz de eficiência de transporte TAP ponderada e um algoritmo combinado para a ligação ao MHC-I e a eficiência da clivagem proteasomal foram então utilizados para determinar as pontuações globais e traduzidas em sensibilidade/especificidade.

Para a previsão da ligação dos péptidos ao MHC-I, foi utilizada uma ferramenta da base de dados de epítopos imunitários (IEDB). Os valores IC50 foram considerados um critério para o processamento dos péptidos para a utilização da sua ligação a moléculas MHC-I específicas. Para a análise da ligação, foram seleccionados todos os alelos com comprimento de palavra de nove resíduos e afinidade de ligação < 200 nm para análise posterior.

5.6 Modelação da ligação proteína-peptídeo MHC-1

Este projeto inclui dois tipos de modelização. Um é a modelação de péptidos e o outro é a modelação de homologia. A modelização por homologia refere-se à construção de um modelo de resolução atómica da proteína "alvo" a partir da sua sequência de aminoácidos e de uma estrutura tridimensional experimental de uma proteína homóloga relacionada (o "modelo").

A modelação por homologia baseia-se na identificação de uma ou mais estruturas proteicas conhecidas susceptíveis de se assemelharem à estrutura da sequência de consulta e na criação de um alinhamento que mapeia os resíduos da sequência de consulta para os resíduos da sequência modelo. Foi demonstrado que as estruturas proteicas são mais conservadas do que as sequências proteicas entre homólogos, mas as sequências com menos de 20% de identidade de sequência podem ter estruturas muito diferentes.

O PEP-FOLD é uma abordagem de *novo* destinada a prever estruturas peptídicas a partir de sequências de aminoácidos. Este método, baseado em letras SA do alfabeto estrutural para descrever as conformações de quatro resíduos consecutivos, associa a série prevista de letras SA a um algoritmo guloso e a um campo de força de grão grosso.

A modelação da homologia foi realizada utilizando o software modeller.19. O utilizador fornece um alinhamento de uma sequência a modelar com estruturas relacionadas conhecidas e o MODELLER calcula automaticamente um modelo que contém todos os átomos que não são de hidrogénio.

5.7 Estudos de acoplamento

Muitas das estratégias de acoplamento iniciais e actuais envolvem algoritmos de pesquisa baseados em grelhas. Estes algoritmos são bastante bem sucedidos na união dos componentes de um complexo separado devido à excelente complementaridade de formas na interface. No entanto, as proteínas e as interfaces proteicas são flexíveis, e as conformações dos parceiros ligados diferem frequentemente das dos componentes isolados. Se forem utilizados os componentes monoméricos não ligados, já não é trivial fazer corresponder as formas. As estratégias para resolver este problema incluem a suavização da interface ou o engrossamento da grelha para permitir uma maior incerteza no processo de correspondência [39, 40]. Os estudos de acoplamento para o trabalho acima referido foram realizados utilizando o Argus lab. Estudos anteriores de 2012 mostraram que o Argus lab é um software fiável para o acoplamento de peptídeos e proteínas. O docking foi efectuado utilizando a pesquisa exaustiva "Genetic Algorithm (GA) Dock" com uma resolução de grelha de 0,40 Å. A precisão de acoplamento foi definida como "Precisão regular" e o modo de acoplamento de ligandos "Flexível" foi empregue para cada execução de acoplamento. A estabilidade de cada pose acoplada foi avaliada utilizando cálculos de energia do Argus Lab e o número de ligações de hidrogénio formadas. Os estudos de acoplamento foram efectuados utilizando o método de pesquisa exaustiva sem indicar os sítios activos.

5.8 Visualização molecular

Nos últimos anos, o software utilizado para examinar e apresentar informações sobre a estrutura foi muito melhorado em termos da qualidade da visualização e, mais importante ainda, em termos da capacidade de relacionar informações sobre a sequência com informações sobre a estrutura. PyMOL é um software de computador, um sistema de visualização molecular criado por Warren Lyford DeLano. É um software de código aberto, patrocinado pelo utilizador, lançado sob a licença Python. Foi comercializado inicialmente pela DeLano Scientific LLC, uma empresa privada de software dedicada à criação de ferramentas úteis que se tornaram universalmente acessíveis às comunidades científicas e educativas. Atualmente, é comercializado pela Schrodinger, Inc. O PyMOL pode produzir imagens 3D de alta qualidade de pequenas moléculas e macromoléculas biológicas, como as proteínas. As interacções de acoplamento dos alelos e dos epítopos foram obtidas visualizando-as através do software de visualização Pymol.

RESULTADOS E DISCUSSÃO

1.   Recuperação de sequências de proteínas

25 sequências da proteína do envelope com um comprimento de sequência de 469-505 aminoácidos foram recuperadas da base de dados de proteínas Uniprot. A sequência de proteínas, juntamente com a sua identificação Uniprot, foi tabulada e registada para referência futura.

SI_NO	UNIPROT_ID	PROTEIN NAME	PROTEIN	VIRUS	LENGTH
1	W8R1N8	W8R1N8_ZIKV	Envelope glycoprotein	Zika virus (strain Mr 766) (ZIKV)	505
2	W8PAE0	W8PAE0_ZIKV	Envelope glycoprotein	Zika virus (strain Mr 766) (ZIKV)	505
3	A0A2S0X2F2	A0A2S0X2F2_ZIKV	Envelope glycoprotein	Zika virus (strain Mr 766) (ZIKV)	505
4	A0A2S0X2E8	A0A2S0X2E8_ZIKV	Envelope glycoprotein	Zika virus (strain Mr 766) (ZIKV)	505
5	W8Q7J5	W8Q7J5_ZIKV	Envelope glycoprotein	Zika virus (strain Mr 766) (ZIKV)	505
6	A0A1W5PT86	A0A1W5PT86_ZIKV	Envelope glycoprotein	Zika virus (strain Mr 766) (ZIKV)	505
7	A0A2H4R8Z6	A0A2H4R8Z6_ZIKV	Envelope glycoprotein	Zika virus (strain Mr 766) (ZIKV)	505
8	A0A160JCJ6	A0A160JCJ6_ZIKV	Envelope glycoprotein	Zika virus (strain Mr 766) (ZIKV)	504
9	A0A221S5X1	A0A221S5X1_ZIKV	Envelope glycoprotein	Zika virus (strain Mr 766) (ZIKV)	504
10	A0A221S5X8	A0A221S5X8_ZIKV	Envelope glycoprotein	Zika virus (strain Mr 766) (ZIKV)	504
11	A0A060H177	A0A060H177_ZIKV	Envelope glycoprotein	Zika virus (strain Mr 766) (ZIKV)	504
12	A0A1X9PPH3	A0A1X9PPH3_ZIKV	Envelope glycoprotein	Zika virus (strain Mr 766) (ZIKV)	504
13	A0A1X9PT23	A0A1X9PT23_ZIKV	Envelope glycoprotein	Zika virus (strain Mr 766) (ZIKV)	504
14	A0A1X9PPI0	A0A1X9PPI0_ZIKV	Envelope glycoprotein	Zika virus (strain Mr 766) (ZIKV)	504
15	A0A1X9PPI4	A0A1X9PPI4_ZIKV	Envelope glycoprotein	Zika virus (strain Mr 766) (ZIKV)	504
16	A0A1X9PQI6	A0A1X9PQI6_ZIKV	Envelope glycoprotein	Zika virus (strain Mr 766) (ZIKV)	504
17	A0A1X9PQJ0	A0A1X9PQJ0_ZIKV	Envelope glycoprotein	Zika virus (strain Mr 766) (ZIKV)	504
18	A0A1X9PPH2	A0A1X9PPH2_ZIKV	Envelope glycoprotein	Zika virus (strain Mr 766) (ZIKV)	504
19	A0A165KKE6	A0A165KKE6_ZIKV	Envelope glycoprotein	Zika virus (strain Mr 766) (ZIKV)	504
20	W8Q6N5	W8Q6N5_ZIKV	Envelope glycoprotein	Zika virus (strain Mr 766) (ZIKV)	504
21	W8Q6P9	W8Q6P9_ZIKV	Envelope glycoprotein	Zika virus (strain Mr 766) (ZIKV)	504
22	A0A248T8H5	A0A248T8H5_ZIKV	Envelope glycoprotein	Zika virus (strain Mr 766) (ZIKV)	496
23	A0A1C8L488	A0A1C8L488_ZIKV	Envelope glycoprotein	Zika virus (strain Mr 766) (ZIKV)	494
24	A0A168XXG2	A0A168XXG2_ZIKV	Envelope glycoprotein	Zika virus (strain Mr 766) (ZIKV)	476
25	W8QFC1	W8QFC1_ZIKV	Envelope glycoprotein	Zika virus (strain Mr 766) (ZIKV)	463

A Tabela 1 mostra as sequências de proteínas obtidas da base de dados de proteínas Uniprot.

1. Previsão da antigenicidade

Foi utilizado o servidor Vaxijen2.0 para determinar a antigenicidade por sequência de proteínas, tendo sido introduzido um limiar de 0,4 para que a previsão se tornasse mais precisa no que diz respeito à escala de sensibilidade e especificidade. 25 sequências foram submetidas à ferramenta de previsão de antigenicidade e a sequência de proteínas com a pontuação mais elevada foi prevista como A0A248T8H5 com a pontuação de 0,643 (ver quadro 2)

SI.NO	UniProt ID	Entry Name	Protein	Antigenicity Score
1	A0A248T8H5	A0A248T8H5_ZIKV		0.6436
2	A0A1C8MSN3	A0A1C8MSN3_ZIKV		0.6209
3	A0A1X9PPI0	A0A1X9PPI0_ZIKV		0.6205
4	A0A1X9PPH2	A0A1X9PPH2_ZIKV		0.6205
5	A0A1W6IZC3	A0A1W6IZC3_ZIKV		0.6189
6	A0A1C8L3R9	A0A1C8L3R9_ZIKV		0.6186
7	A0A1C8L3S0	A0A1C8L3S0_ZIKV		0.6178
8	A0A1C8MSV2	A0A1C8MSV2_ZIKV		0.6178
9	A0A248T8F4	A0A248T8F4_ZIKV		0.6178
10	A0A1C8L3V3	A0A1C8L3V3_ZIKV		0.6178
11	A0A1C8L421	A0A1C8L421_ZIKV	EnvelopeProtein	0.6178
12	A0A1C8L3T3	A0A1C8L3T3_ZIKV		0.6178
13	A0A1C8L446	A0A1C8L446_ZIKV		0.6178
14	A0A1C8L488	A0A1C8L488_ZIKV		0.6176
15	A0A1X9PPH3	A0A1X9PPH3_ZIKV		0.6165
16	A0A1X9PT23	A0A1X9PT23_ZIKV		0.6165
17	A0A1X9PPI4	A0A1X9PPI4_ZIKV		0.6165
18	A0A1X9PQI6	A0A1X9PQI6_ZIKV		0.6165
19	A0A1X9PQJ0	A0A1X9PQJ0_ZIKV		0.6165
20	A0A1C8L3I0	A0A1C8L3I0_ZIKV		0.6126
21	A0A248T8I5	A0A248T8I5_ZIKV		0.5513

Tabela 2: Mostra os resultados obtidos com o servidor de previsão Vaxijen2.0.

3. Previsão da estrutura secundária

A previsão da estrutura secundária do A0A248T8H5 foi efectuada para prever a Hélice Alfa, a folha Beta e as bobinas aleatórias na ferramenta SOPMA da sequência.

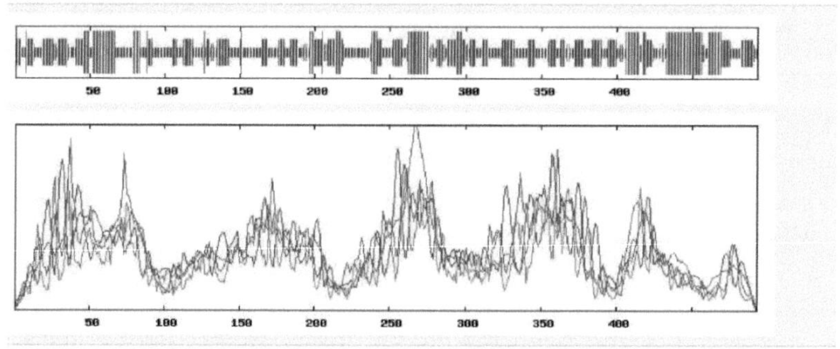

A Figura 9 mostra que a maior parte da sequência é constituída pela cadeia estendida e pela alfa-hélice e, finalmente, o restante é constituído pela folha beta e pelas bobinas aleatórias.

A estrutura secundária da proteína é geralmente prevista para encontrar a parte antigénica da sequência. De acordo com estudos anteriores, prevê-se que a folha beta é mais uma parte antigénica de uma proteína[21].

4. Previsão de epítopos de células B

Foram utilizadas as ferramentas Bepipred e BCpred para encontrar os epítopos prováveis das células B. As regiões de consenso entre as duas foram analisadas e os epítopos comuns foram estudados para verificar a antigenicidade. O epítopo com maior antigenicidade foi selecionado para ser o melhor epítopo.

SI	Bepipred1.01	Position	BCpreds	Position	Common Epitope
1.	PWHAGADTGTPHWNN	224-238	DIPLPPWHAGADTGTPHWNN	220	PWHAGADTGTPHWNN
2.	EVQNAGTDGPCKVP	329-342	TVEVQNAGTDGPCKVPAQMA	327	EVQNAGTDGPCKVP
3.	VITESTKN	364	GRLITANPVITESTNKMM	356	VITESTKN

Quadro 3: **Destaca os epítopos B comuns entre o Bepipred1.01 e o BCpreds Identificação da antigenicidade em epítopos de células B**

SI_no	Common Epitope	Antigenicity(Threshold=0.4)	Antigenic(Y/N)
1	PWHAGADTGTPHWNN	0.3637	Y
2	EVQNAGTDGPCKVP	-0.3491	N
3	VITESTKN	0.9944	Y

Quadro 4: Mostra os epítopos comuns e a sua antigenicidade

Uma vez que a antigenicidade é maior no VITESTKN, pode ser considerado como um melhor epítopo de células B.

4. A glicoproteína E foi submetida a uma previsão de epítopos de células T utilizando o servidor Netctl2, em que vários métodos foram combinados para identificar os melhores epítopos e alelos de ligação. As células T com uma pontuação de afinidade inferior a 0,4 foram utilizadas para estudos posteriores.

S_I No	Allele	seq_num	Start	end	length	Peptide	Method	percentile_rank	ann_ic50	ann_rank
1.	HLA-A*23:01	4	1	9	9	SYSLCTAAF	Consensus (ann/smm)	0.32	72.74	0.23
2.	HLA-A*29:02	5	1	9	9	SLFGGMSWY	Consensus (ann/smm)	0.39	21.71	0.17
3.	HLA-B*15:02	5	1	9	9	SLFGGMSWY	Consensus (ann/smm)	0.46	32.92	0.02

A Tabela 5 mostra a classificação de percentil por epítopo juntamente com os seus alelos, o que mostra que os epítopos supramencionados são bons devido ao facto de terem uma classificação de percentil inferior a 0,5.

5. Modelação de homologia e validação de estruturas

Os melhores epítopos foram utilizados para estudar a ligação entre os alelos e os epítopos. Por conseguinte, foi necessária a estrutura tanto do epítopo como dos alelos. As estruturas tridimensionais das sequências que se seguem não estavam disponíveis no banco de dados de proteínas, pelo que foram modeladas utilizando o modeller e o Pep folder 3. A versão 19 do modeller foi utilizada para modelar as estruturas das sequências que se seguem: Antes da modelação, foi efectuada uma pesquisa de homologia para encontrar modelos semelhantes às sequências. HLA-A-2301,HLA-A*29:02,HLA-B*15:02Os melhores modelos foram obtidos utilizando as suas pontuações.Os gráficos de Ramachandran foram utilizados para provar a validade das estruturas. As proteínas de diferentes origens podem ter sequências muito semelhantes, e é geralmente aceite que uma elevada semelhança de sequências se reflecte numa semelhança distinta de estruturas. De facto, espera-se que o desvio quadrático médio relativo (rmsd) das coordenadas Ca para núcleos de proteínas que partilham 50% de identidade de resíduos seja de cerca de 1 A [11].

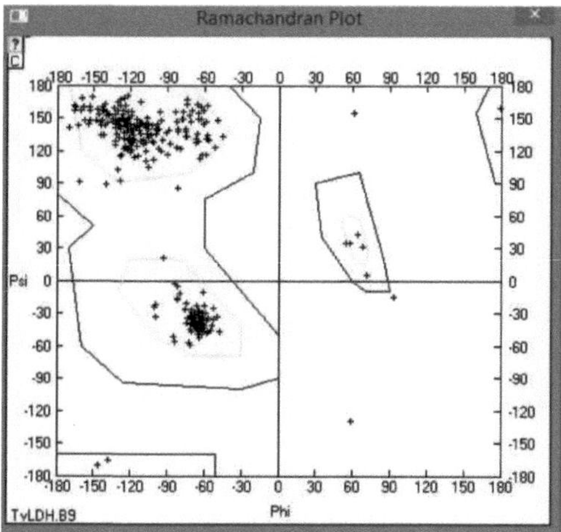

A figura 10 mostra o gráfico de Ramachandran com a maioria dos resíduos nas regiões favoráveis para o HLA -A29:02. O modelo selecionado tem uma melhor resolução devido ao facto de os seus resíduos estarem agrupados nas regiões favoráveis, tais como a região A, a região B e a região L.

Por conseguinte, é uma boa estrutura para uma análise mais aprofundada.

6. Visualização molecular

7. Docagem molecular

As estruturas seguintes foram submetidas a um docking molecular utilizando o software Argus lab. Foram obtidos os seguintes complexos: O complexo de **SLFGGMSWY com HLA-A*29:02** foi obtido com uma pontuação de ligação de --7,1186 Kcal/mol. A pontuação de ligação de SYSLCTAAF com HLA-A*23:01 foi de -6,15275.

Preparativos preliminares

Os epítopos ou péptidos com 9 aminoácidos foram modelados em pymol e os hidrogénios polares foram adicionados antes dos estudos de acoplamento.

Acoplamento proteína-peptídeo

A ligação foi efectuada utilizando a pesquisa exaustiva "Genetic Algorithm (GA) Dock" com uma resolução de grelha de 0,40 Â. A precisão de acoplamento foi definida como "Precisão regular" e o modo de acoplamento do ligando "Flexível" foi empregue para cada execução de acoplamento. A estabilidade de cada pose acoplada foi avaliada utilizando cálculos de energia do Argus Lab e o número de ligações de hidrogénio formadas. Os estudos de acoplamento foram efectuados utilizando o método de pesquisa exaustiva sem indicar os sítios activos.

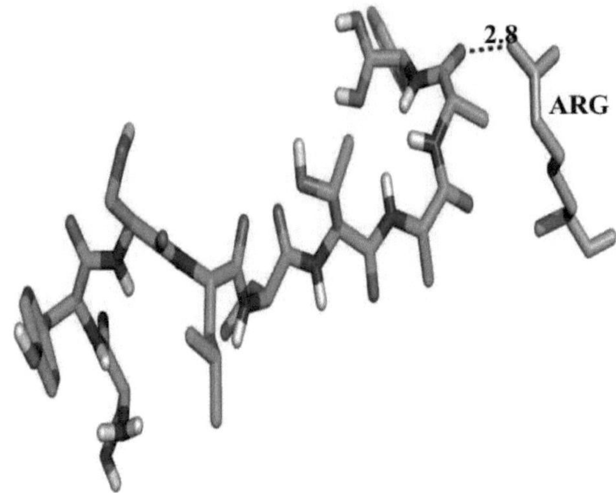

Figura 11: Mostra a estrutura complexa de SYSLCTAAF com HLA-A*23:01. Esta estrutura contém uma interação entre o péptido (Epitopo) e o alelo com uma distância de 2,8 A.

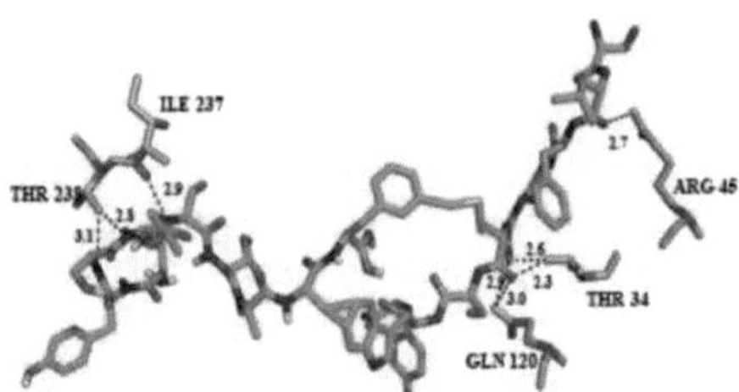

Figura 12: Mostra as interacções entre SLFGGMSWY e **HLA-A*29:02**

Com base na pontuação e nas interacções, mostra-se que o epítopo SLFGGMSWY é um melhor candidato devido a muitas interacções.

CONCLUSÃO

A previsão de epítopos de células T é um marco no domínio da conceção de vacinas in silico. Vários grupos de investigação que têm estado envolvidos no desenvolvimento de diferentes vacinas contra várias doenças infecciosas, incluindo doenças auto-imunes e cancro, comunicaram excelentes resultados utilizando métodos de previsão de epítopos in silico. Este processo reduz o número de técnicas experimentais in vitro. A previsão de epítopos CTL por este método constitui uma ferramenta importante na abordagem de conceção de vacinas.

O presente estudo foi realizado com base no facto de a proteína envolvente desempenhar um papel vital na imunogenicidade. As proteínas foram cuidadosamente analisadas quanto às suas propriedades imunogénicas e ao papel que desempenham nas respostas imunitárias. O estudo aborda a conceção de vacinas peptídicas a partir da sequência das proteínas envelopadas do vírus. Os resultados obtidos mostram que as proteínas envolvidas são de natureza epitópica e podem ser utilizadas para estudos posteriores de conceção de vacinas peptídicas in vitro. A maioria dos péptidos previstos como epítopos através do servidor NetCTL1.2 tinha a propriedade de se ligar bem aos alelos MHC classe I, especialmente SLFGGMSWY e SYSLCTAAF. O complexo peptídeo-proteína ligado foi estudado quanto a interacções. A literatura anterior refere que o complexo péptido-MHC actua como sinal para ativar as células T, que se tornam receptores de células T e reconhecem os invasores patogénicos, matando-os por apoptose. Por conseguinte, este estudo seria muito útil para a conceção de vacinas com péptidos.

REFERÊNCIAS

Referências

1. Rather IA, Lone JB, Bajpai VK, Paek WK, Lim J. Zika virus: an emerging worldwide threat. Front. Microbiol 2017;8:1417

2. Tomar N1, De RK Immunoinformatics: uma breve revisão Methods Mol Biol. 2014;1184:23-55

3. A. S. Fauci e D. M. Morens, "Zika virus in the americas-yet another arbovirus threat, "The New England Journal of Medicine,vol. 374, no. 7, pp. 601-604, 2016.

4. Anne S De Groot1,2* e Leonard Moise2 Previsão da imunogenicidade de proteínas terapêuticas: estado da arte Current Opinion in Drug Discovery & Development 2007 10(3):

5. Atanas Patronov e Irini Doytchinova Projeto de vacina de epítopo de células T por imunoinformática Open Biol. 2013 Jan; 3 (1): 120139.

6. Bian H, Hammer H. Descoberta de um epítopo promíscuo de células T com restrição HLA com TEPITOPE. Methods. 2004; 34:468-75.

7. C. S.DeOliveira and P. F.Da Costa Vasconcelos, "Microcefalia e vírus Zika," Jornal de Pediatria, vol. 92, no. 2, pp. 103-105, 2016.

8. C. V. Ventura, M. Maia, V. Bravo-Filho, A. L. G'ois, e R. Belfort, "Zika virus in Brazil and macular atrophy in a child with Microcephaly," V.-M. Cao-Lormeau, A. Blake, S. Mons et al., "Guillain-barCe syndrome outbreak associated with zika virus infection infrench polynesia: a case-control study," The Lancet, vol. 387, no. 10027, pp. 1531-1539, 2016.

9. Chen LH, Hamer DH. Vírus Zika: Rápida propagação no hemisfério ocidental. Ann Intern Med 2016;164:613-615

10. Coloma J, Jain R, Rajashankar KR, García-Sastre A, Aggarwal AK. Estruturas da NS5 Metiltransferase do vírus Zika. Cell Rep 2016;16:3097-3102

11. Darwish MA, Hoogstraal H, Roberts TJ, Ahmed IP, Omar F. A sero-epidemiological survey for certain arboviruses (Togaviridae) in Pakistan. Trans R Soc Trop Med Hyg 1983; 77:442-445.

12. Dasti JI. Infecções pelo vírus Zika: uma visão geral do cenário atual. Jornal da Ásia sobre Medicina Tropical 2016;9:621-625

13. Dick GW, Kitchen SF, Haddow AJ. Zika virus. I. Isolamentos e especificidade serológica. Trans R Soc Trop Med Hyg 1952;46:509-520

14. E. A. Gould e T. Solomon, "Pathogenic flaviviruses", The

15. E. Oehler, L. Watrin, P. Larre et al., "Zika virus infection Complicated by Guillain-Barr'e syndrome - case report, French Polynesia, December 2013," Eurosurveillance, vol. 19, no. 9, 2014.

16. Fauci AS, Morens DM. Vírus Zika nas Américas - mais uma ameaça de arbovírus. N Engl J Med 2016;374:601-604

17. Faye O, Freire CC, Iamarino A, Faye O, de Oliveira JV, Diallo M, et al. Evolução molecular do vírus Zika durante o seu aparecimento no século XX. PLoS Negl Trop Dis. 2014; 8:e2636. 10.1371/journal.pntd.0002636

18. Faye O, Freire CC, Iamarino A, Faye O, de Oliveira JV, Diallo M. Evolução molecular do vírus Zika durante a sua emergência no século XX. PLOS Negl Trop Dis 2014;8:e2636

19. Filipe AR, Martins CM, Rocha H. Infeção laboratorial pelo vírus Zika após vacinação contra a febre amarela. Arch Gesamte Virusforsch 1973; 43:315-319.

20. Flower DR. Towards in silico prediction of immunogenic epitopes (Para a previsão in silico de epítopos imunogénicos). Trends Immunol. 2003; 24:667-74.

21. Gatherer D, Kohl A. Zika virus: a previously slow pandemic spreads rapidly through the Americas. J Gen Virol. 2016; 97:269-73.

22. Hamel R, Liégeois F, Wichit S, Pompon J, Diop F, Talignani L. Vírus Zika: epidemiologia, características clínicas e interacções vírus-hospedeiro. Microbes Infect 2016;18:441-449

23. Higgs S. Zika vírus: emergência e emergência. Doenças Zoonóticas Transmitidas por Vectores 2016;16:75-76

24. Irini A Doytchinova Darren R Flower Quantitative approaches to computational vaccinology Immunology and Cell Biology volume80, pages270-279 (2002)

25. J. H. Moore, "Bioinformatics," J. Cell. Physiol, vol. 213, pp. 365-369, 2007.

26. J. S. Mackenzie, D. J. Gubler, e L. R. Petersen, "Emerging Ilaviviruses: the spread and resurgence of Japanese encephalitis,West Nile and dengue viruses," Nature Medicine, vol. 10, no. 12, pp. S98-S109, 2004.

27. Johnson BK, Chanas AC, Shockley P, Squires EJ, Gardner P, Wallace C.

Arbovirus isolations from, and serological studies on, wild and domestic vertebrates from Kano Plain, Kenya. Trans R Soc

28. Kangueane P, Sakharkar MK. Desenhador de epítopos T: Servidor de previsão da ligação de péptidos HLA. Bioinformation. 2005; 1:21-4.

29. Kolaskar AS, Tongaonkar PC. 1990. Um método semi-empírico para a previsão de determinantes antigénicos em antigénios proteicos. *FEBS Lett276:172-174*

30. Kuno G, Chang GJ. Sequenciação completa e caraterização genómica dos vírus Bagaza, Kedougou e Zika. Arch Virol. 2007; 152:687-96. 10.1

31. Kuno G, Chang GJ. Sequenciação completa e caraterização genómica dos vírus Bagaza, Kedougou e Zika. Arch Virol 2007;152:687-696

32. Lancet, vol. 371, n.º 9611, pp. 500-509, 2008.

33. Lanciotti RS, Kosoy OL, Laven JJ, Velez JO, Lambert AJ, Johnson AJ, et al. Propriedades genéticas e serológicas do vírus Zika associadas a uma epidemia, Estado de Yap, Micronésia, 2007. Emerg Infect Dis. 2008; 14:1232-9.

34. Lindenbach BD, Rice CM. Molecular biology of flaviviruses. Adv Virus Res 2003; 59:23-61.

35. Malone RW, Homan J, e Callahan MV, et al. Vírus Zika: desafios ao desenvolvimento de contramedidas médicas. PLoSNegl Trop Dis 2016; 10:e0004530.

36. Namrata Tomar e Rajat K De, Immunoinformatics: an integrated scenario, Immunology. 2010 Oct; 131(2): 153-168.

37. Namrata Tomar e Rajat K. De, Immunoinformatics: A Brief Review, Methods in Molecular Biology, 2014, doi: 10.1007/978-1-4939-1115-8_3.

38. N. M. Luscombe, D. Greenbaum, e M. Gerstein, "Review what bioinformatics is? An", Gene Expr., vol. 40, no. 4, pp. 83-100, 2001.

39. Parker J, Guo D, Hodges R. Nova escala de hidrofilicidade derivada de dados de retenção de péptidos por cromatografia líquida de alta eficiência: correlação de resíduos de superfície previstos com antigenicidade e locais acessíveis derivados de raios X. Biochemistry. 1986; 25:5425-32.

40. Pellequer JL, Westhof E. PREDITOP: um programa de previsão de antigenicidade. J Mol Graph. 1993; 11:204-10.

41. Ruth E.Soria-Guerraa Ricardo Nieto-GomezbDania O.Govea-

AlonsobSergioRosales- Mendozab Uma visão geral das ferramentas de bioinformática para a previsão de epítopos: Implicações no desenvolvimento de vacinas Volume 53, fevereiro de 2015, Páginas 405-414

42. S. L. Cumberworth, J. J. Clark, A. Kohl, e C. L. Donald, "Inhibition of type I interferon induction and signalling by mosquito-borne flaviviruses," Cellular Microbiology, vol. 19, no. 5, Artigo ID e12737, 2017.

43. Saiz JC, Vázquez-Calvo Á, Blázquez AB, Merino-Ramos T, Escribano-Romero E, Martín-Acebes MA. Vírus Zika: o mais recente recém-chegado. Front Microbiol 2016;7:496

44. Sette A1, Fikes J. Epitope-based vaccines: an update on epitope identification, vaccine design and delivery

45. Shi Y, GAO GF. Biologia estrutural do vírus Zika. Tendências Bioquímicas e Científicas 2017;42:443-456

46. Singh RK, Dhama K, Malik YS, Ramakrishnan MA, Karthik K, Tiwari R. Zika virus - emergence, evolution, pathology, diagnosis, and control: current global scenario and future perspectives - a comprehensive review. Vet Q 2016; 36:150-175.

47. Stadler MB, Stadler BM. Previsão da alergenicidade através da sequência de proteínas. FASEB J. 2003; 17:1141-3.

48. Thomas K, Goldsby J, Osborne RA, Barbara A, Kuby J. Kuby Immunology. 6ª edn. Nova Iorque: WH Freeman and Co; 2006.

49. T. Can, "Introduction to bioinformatics," Methods Mol. Biol, vol. 1107, pp. 51-71, 2014.

50. The Lancet, vol. 387, n.º 10015, p. 228, 2016.

51. Thomas K, Goldsby J, Osborne RA, Barbara A, Kuby J (2006) Kuby immunology, 6th editionn. Freeman and Co., WH

52. Van Regenmortel M.H. (2009) O que é um epítopo de células B? In: Schutkowski M., Reineke U. (eds) Protocolos de Mapeamento de Epítopos. Methods in Molecular Biology™ (Métodos e Protocolos), vol. 524. Humana Press

53. Weinbren MP, Williams MC. Vírus Zika: novos isolamentos na zona do Zika e alguns estudos sobre as estirpes isoladas. Trans R Soc Trop Med Hyg 1958;52:263-268.

54. Chothia, C; Lesk, AM (1986). "A relação entre a divergência de sequência e estrutura em proteínas". *EMBO J.* **5** (4): 823-6.

55. Kaczanowski, S; Zielenkiewicz, P (2010). "Porque é que sequências de proteínas semelhantes codificam estruturas tridimensionais semelhantes?". *Contas de Química Teórica.* **125**: 643-50

56. Marti-Renom, MA; Stuart, AC; Fiser, A; Sanchez, R; Melo, F; Sali, A. (2000). "Modelação comparativa da estrutura proteica de genes e genomas". *Annu Rev Biophys Biomol Struct.* **29**: 291-325.

57. Williamson AR (2000). "Criação de um consórcio de genómica estrutural". *Nat Struct Biol.* **7**(S1(11s)): 953.

58. ShenY,MaupetitJ,DerreumauxP,TufféryP.Improved PEP-FOLD approach for peptide and miniprotein structure predictionJ. Chem. Theor. Comput. 2014; 10:4745-4758

59. Irini A Doytchinova e Darren R Flower. VaxiJen: um servidor para a previsão de antigénios protectores, antigénios tumorais e vacinas de subunidade. BMC Bioinformatics. 2007 8:4.

60. Irini A Doytchinova e Darren R Flower. Identificação de vacinas de subunidades candidatas utilizando um método independente de alinhamento baseado nas principais propriedades de aminoácidos. Vaccine. 2007 25:856-866.

61. NPS@: Network Protein Sequence Analysis TIBS 2000 março Vol. 25, No 3 [291]:147-150 Combet C., Blanchet C., Geourjon C. and Deléage G

62. Benson, D., Karsch-Mizrachi, I., Lipman, D., Ostell, J. e Sayers, E. (2009). GenBank. Nucleic Acids Research, 37(Base de dados), pp.D26-D31.

63. Biasini, M., Bienert, S., Waterhouse, A., Arnold, K., Studer, G., Schmidt, T., . . . Schwede, T. (2014). SWISS-MODEL: Modelagem da estrutura terciária e quaternária de proteínas usando informações evolutivas.

64. Nucleic Acids Research, 42(W1). Blythe, M. e Flower, D. (2009). Benchmarking B cell epitope prediction: Underperformance of existing methods (Desempenho insuficiente dos métodos existentes). Protein Science, 14(1), pp.246-248.

65. Bréhin, A., Rubrecht, L., Navarro-Sanchez, M., Maréchal, V., Frenkiel, M., Lapalud, P., Laune, D., Sall, A. e Desprès, P. (2008). Produção e caraterização de anticorpos monoclonais de ratinho reactivos à glicoproteína E2 do envelope de

Chikungunya. Virologia, 371(1), pp.185-195. Bui, H., Sidney, J., Dinh, K., Southwood, S., Newman, M. J., & Sette, A. (2006).

66. Previsão da cobertura populacional de diagnósticos e vacinas baseados em epítopos de células T. BMC Bioinformatics, 7(1), 153.

67. Bui, H., Sidney, J., Li, W., Fusseder, N., & Sette, A. (2007). Desenvolvimento de uma ferramenta de análise de conservação de epítopos para facilitar a conceção de diagnósticos e vacinas baseados em epítopos. BMC Bioinformatics, 8(1), 361.

68. Chang, Yuli; Brewer, Noel T.; Rinas, Allen C.; Schmitt, Karla; Smith, Jennifer S. (julho de 2009). Avaliação do impacto das vacinas contra o papilomavírus humano. Vaccine. 27 (32): 4355-62.

69. Dallakyan, S., & Olson, A. J. (2015). Triagem de biblioteca de pequenas moléculas por docking com PyRx. Métodos em Biologia Molecular Biologia Química, 243-250

70. Schwede, T. (2003). SWISS-MODEL: Um servidor automatizado de modelação de homologia de proteínas. Nucleic Acids Research, 31(13), 3381-3385.

Printed by Books on Demand GmbH, Norderstedt / Germany